上海市工程建设规范

粒化高炉矿渣粉在水泥混凝土中应用技术标准

Standard for utility technique of ground granulated blast furnace
slag powder used in concrete

DG/TJ 08—501—2023
J 11239—2023

主编单位：上海市建筑科学研究院有限公司
　　　　　上海宝田新型建材有限公司
批准部门：上海市住房和城乡建设管理委员会
施行日期：2023 年 6 月 1 日

U0250701

同济大学出版社

2023　上海

…水泥混凝土中应用技术标准 / 上

…究有限公司,上海宝田新型建材有限公

…：同济大学出版社，2023.7

…8-7-5765-0864-2

…①粒… Ⅱ.①上…②上… Ⅲ.①粒化-高炉-

…水泥-混凝土-技术标准 Ⅳ.①TQ172.71-65

②TU528-65

中国国家版本馆 CIP 数据核字(2023)第 120301 号

粒化高炉矿渣粉在水泥混凝土中应用技术标准

上海市建筑科学研究院有限公司
上海宝田新型建材有限公司   主编

责任编辑   朱   勇
责任校对   徐春莲
封面设计   陈益平

出版发行   同济大学出版社   www. tongjipress. com. cn
            (地址:上海市四平路 1239 号   邮编:200092   电话:021 - 65985622)
经   销   全国各地新华书店
印   刷   浦江求真印务有限公司
开   本   889mm×1194mm   1/32
印   张   1.75
字   数   47 000
版   次   2023 年 7 月第 1 版
印   次   2023 年 7 月第 1 次印刷
书   号   ISBN 978-7-5765-0864-2
定   价   20.00 元

上海市住房和城乡建设管理委员会文件

沪建标定〔2023〕25 号

上海市住房和城乡建设管理委员会
关于批准《粒化高炉矿渣粉在水泥混凝土中应用技术标准》
为上海市工程建设规范的通知

各有关单位：

　　由上海市建筑科学研究院有限公司、上海宝田新型建材有限公司主编的《粒化高炉矿渣粉在水泥混凝土中应用技术标准》，经我委审核，现批准为上海市工程建设规范，统一编号为 DG/TJ 08—501—2023，自 2023 年 6 月 1 日起实施。原《粒化高炉矿渣粉在水泥混凝土中应用技术规程》DG/TJ 08—501—2016 同时废止。

　　本标准由上海市住房和城乡建设管理委员会负责管理，上海市建筑科学研究院有限公司负责解释。

上海市住房和城乡建设管理委员会文件

2023 年 1 月 17 日

前　言

根据上海市住房和城乡建设管理委员会《关于发布〈2021 年上海市工程建设规范、建筑标准设计编制计划〉的通知》（沪建标定〔2020〕771 号）的要求，由上海市建筑科学研究院有限公司和上海宝田新型建材有限公司会同有关单位对《粒化高炉矿渣粉在水泥混凝土中应用技术规程》DG/TJ 08—501—2016 进行修订。编制组参考国内外相关标准，结合原规程 6 年多的应用实践，并在反复征求意见的基础上完成修订。

本标准的主要内容有：总则；术语和符号；基本规定；矿渣粉技术要求；矿渣粉在普通混凝土中的应用；矿渣粉在大体积混凝土中的应用；矿渣粉在高强混凝土中的应用；矿渣粉在高性能混凝土中的应用；掺矿渣粉的混凝土施工要求及质量检验评定。

本次修订主要内容有：

1. 增加了基本规定章节。

2. 矿渣粉技术要求章节中，增加了矿渣粉的"初凝时间比、不溶物"指标、S75 级矿渣粉的技术要求、矿渣粉的检验方法；删除了试验方法；修改了矿渣粉的烧失量指标、S95 级矿渣粉的 7 d 活性指数。

3. 增加了矿渣粉在大体积混凝土中的应用章节。

4. 增加了矿渣粉应用于普通混凝土、高强混凝土和高性能混凝土的性能要求。

各单位及相关人员在执行本标准过程中，如有意见和建议，请反馈至上海市住房和城乡建设管理委员会（地址：上海市大沽路 100 号；邮编：200003；E-mail：shjsbzgl@163.com），上海市建筑科学研究院有限公司（地址：上海市申富路 568 号；邮编：

201108；E-mail：lumeirong00@163.com），上海市建筑建材业市场管理总站（地址：上海市小木桥路 683 号；邮编：200032；E-mail：shgcbz@163.com），以供今后修订时参考。

主 编 单 位：上海市建筑科学研究院有限公司
　　　　　　上海宝田新型建材有限公司
参 编 单 位：张家港恒昌新型建筑材料有限公司
　　　　　　上海城建物资有限公司
　　　　　　安徽马钢嘉华新型建材有限公司
　　　　　　上海申昆混凝土集团有限公司
　　　　　　上海建科检验有限公司
　　　　　　湛江宝钢新型建材科技有限公司
　　　　　　上海建研建材科技有限公司
主要起草人：杨利香　赵玉静　王　琼　李欢欢　曹黎颖
　　　　　　徐　强　靳海燕　陆美荣　杨　波　樊俊江
　　　　　　韩建军　毛　瑞　王宗森　徐月梅　高　珏
　　　　　　叶雁飞　张湫昊　康　明　俞海勇　於林锋
　　　　　　韩云婷　姚　伟　缪　怡　张　昀　周鹣鸣
主要审查人：曹亚东　陈海燕　樊　钧　刘卫东　施惠生
　　　　　　吴德龙　钟伟荣

上海市建筑建材业市场管理总站

目　次

Contents

1 总 则

1.0.1 为进一步充分利用粒化高炉矿渣粉,规范粒化高炉矿渣粉在混凝土中的应用技术,以改善混凝土性能,减少水泥用量,降低混凝土生产成本,充分发挥其技术性能和特点,确保工程质量,制定本标准。

1.0.2 本标准适用于 S75、S95、S105 和 S115 级粒化高炉矿渣粉在混凝土中的设计、施工和质量检验。

1.0.3 粒化高炉矿渣粉在混凝土中的应用除应符合本标准外,尚应符合国家、行业和本市现行有关标准的规定。

2 术语和符号

2.1 术 语

2.1.1 粒化高炉矿渣粉 ground granulated blast furnace slag powder

粒化高炉矿渣粉(简称"矿渣粉")是粒化高炉矿渣经干燥、粉磨达到规定细度的粉体,粉磨时也可添加适量的天然石膏和助磨剂。

2.1.2 活性指数 activity index

矿渣粉等量取代 50%的水泥样品后,试验胶砂强度与对比水泥胶砂强度的百分比。

2.1.3 普通混凝土 ordinary concrete

强度等级为 C20~C60 的混凝土。

2.1.4 大体积混凝土 mass concrete

混凝土结构物实体最小尺寸不小于 1 m 的大体量混凝土,或预计会因混凝土中胶凝材料水化引起的温度变化和收缩而导致有害裂缝产生的混凝土。

2.1.5 高强混凝土 high strength concrete

强度等级不低于 C60 的混凝土。

2.1.6 高性能混凝土 high performance concrete

选用优质常规原材料,合理掺外加剂和矿物掺合料制成的具有优异的拌合物性能、力学性能、耐久性能和长期性能的混凝土。

2.2 符　号

f_b——胶砂材料 28 d 抗压强度实测值(MPa)；

m_b——每立方米混凝土的胶凝材料用量(kg)；

m_c——每立方米混凝土的水泥用量(kg)；

w/b——混凝土的水胶比。

3 基本规定

3.0.1 掺矿渣粉的普通混凝土宜选用 S75、S95 级矿渣粉,也可选用 S105 或 S115 级矿渣粉。

3.0.2 掺矿渣粉的大体积混凝土宜选用 S75、S95 级矿渣粉,也可选用 S105 级矿渣粉。

3.0.3 掺矿渣粉的高强混凝土宜选用流动度比大于 100% 的 S105 级矿渣粉或流动度比大于 95% 的 S115 级矿渣粉,也可选用 S95 级矿渣粉。

3.0.4 掺矿渣粉的高性能混凝土宜选用 S75、S95、S105 级矿渣粉,也可选用 S115 级矿渣粉。

3.0.5 掺矿渣粉的超高性能混凝土宜选用 S105、S115 级矿渣粉,也可选用 S95 级矿渣粉。

4 矿渣粉技术要求

4.1 质量要求

4.1.1 矿渣粉质量要求应符合现行国家标准《用于水泥、砂浆和混凝土中的粒化高炉矿渣粉》GB/T 18046 和表 4.1.1 的规定。

表 4.1.1 矿渣粉技术要求

项目		矿渣粉				检验方法
		S115 级	S105 级	S95 级	S75 级	
密度(g/cm³)		≥2.8				GB/T 208
比表面积(m²/kg)		≥550	≥500	≥400	≥300	GB/T 8074
活性指数(%)	3 d	≥80	—	—	—	GB/T 18046—2017 中附录 A
	7 d	≥100	≥95	≥70	≥55	
	28 d	≥115	≥105	≥95	≥75	
流动度比(%)		≥90	≥95	≥95	≥95	
初凝时间比(%)		≤200				
含水量(%)		≤1.0				GB/T 18046—2017 中附录 B
三氧化硫(%)		≤4.0				GB/T 176
氯离子(%)		≤0.06				
烧失量(%)		≤1.0				
不溶物(%)		≤3.0				
玻璃体含量(%)		≥85				GB/T 18046—2017 中附录 C
放射性		$I_{Ra} \leqslant 1.0$ 且 $I_\gamma \leqslant 1.0$				GB 6566

4.1.2 矿渣粉的检验应按现行国家标准《用于水泥、砂浆和混凝土中的粒化高炉矿渣粉》GB/T 18046 的规定进行。

4.2 验收要求

4.2.1 同等级矿渣粉验收批量以 200 t 为一批。

4.2.2 矿渣粉供应商应提供产品合格证。产品合格证中应标明生产单位名称及地址、联系电话、等级、代表数量、生产日期、储存有效期、出厂编号以及本标准表 4.1.1 中的所有技术要求。

4.2.3 交货时矿渣粉的质量验收可抽取实物试样以其检验结果为依据,也可以供方同批号矿渣粉的检验报告为依据。

4.2.4 以抽取实物试样的检验结果为验收依据时,供需双方应在发货前或取样地共同取样和签封。取样方法按现行国家标准《水泥取样方法》GB 12573 进行,取样数量为 10 kg,缩分为二等份。一份由供方保存 40 d,另一份由需方按照本标准规定的项目和方法进行检验。

4.2.5 需方对矿渣粉质量有疑问或检验认定产品质量不符合本标准要求,而供方有异议时,双方应在上述规定的样品保存期内送省级或省级以上国家认可的建材产品质量监督检验机构进行仲裁检验。

4.2.6 矿渣粉在运输和储存时不得受潮和混入杂物。储存期超过 6 个月,应重新检验矿渣粉的活性指数、流动度比和初凝时间比三项指标。

5 矿渣粉在普通混凝土中的应用

5.1 原材料要求

5.1.1 矿渣粉应符合本标准表 4.1.1 的规定。

5.1.2 水泥应符合现行国家标准《通用硅酸盐水泥》GB 175 的规定。

5.1.3 粉煤灰应符合现行国家标准《用于水泥和混凝土中的粉煤灰》GB/T 1596 的规定。

5.1.4 细骨料应符合现行行业标准《普通混凝土用砂、石质量及检验方法标准》JGJ 52 的规定;当使用机制砂时,应符合现行上海市工程建设规范《人工砂在混凝土中的应用技术规程》DG/TJ 08—506 的规定。

5.1.5 粗骨料应符合现行行业标准《普通混凝土用砂、石质量及检验方法标准》JGJ 52 的规定;当采用再生骨料时,应符合现行上海市地方标准《再生骨料混凝土技术要求》DB31/T 1128 的规定。

5.1.6 外加剂应符合现行国家标准《混凝土外加剂》GB 8076 和《混凝土外加剂应用技术规范》GB 50119 的规定。

5.1.7 水应符合现行行业标准《混凝土用水标准》JGJ 63 的规定。

5.2 配合比设计

5.2.1 掺矿渣粉的普通混凝土配合比设计应符合现行行业标准《普通混凝土配合比设计规程》JGJ 55 的规定。

5.2.2 掺矿渣粉的普通混凝土设计强度等级、强度保证率等指标应符合现行行业标准《普通混凝土配合比设计规程》JGJ 55 的规定。

5.2.3 掺矿渣粉的普通混凝土设计强度宜取 28 d 强度。当工程有特殊要求时,应根据设计要求确定验收龄期。

5.2.4 掺矿渣粉的普通混凝土,其胶凝材料用量、水泥用量和水胶比应符合表 5.2.4 的规定。

表 5.2.4 掺矿渣粉的普通混凝土胶凝材料用量、水泥用量和水胶比要求

工程用途	胶凝材料用量 m_b （kg/m³）	水泥用量 m_c （kg/m³）	水胶比 w/b
素混凝土	≥250	≥150	<0.60
钢筋混凝土	≥300	≥200	<0.55
预应力混凝土	≥320	≥200	<0.50

注:表中水泥为普通硅酸盐水泥,当采用硅酸盐水泥时,水泥用量可适当降低。

5.2.5 掺矿渣粉的普通混凝土中矿渣粉掺量应通过试验确定。根据矿渣粉等级和混凝土类型的不同,矿渣粉占胶凝材料总质量的最大比例应符合表 5.2.5 的规定。

表 5.2.5 矿渣粉占胶凝材料总质量的最大比例(%)

工程用途	水胶比	S115 级	S105 级	S95 级	S75 级
素混凝土	≤0.40	70	70	70	70
	>0.40	—	65	65	65
钢筋混凝土	≤0.40	70	70	65	60
	>0.40	—	60	55	50
预应力混凝土	≤0.40	65	60	55	50
	>0.40	—	50	45	40

注:表中矿渣粉的最大掺量适用于硅酸盐水泥;当采用普通硅酸盐水泥时,矿渣粉最大掺量应适当降低。

5.2.6 当矿渣粉掺量大于 50% 时,应对胶凝材料的 28 d 胶砂抗压强度(f_b)和凝结时间进行试验,确认其能满足设计、施工要求。

5.2.7 对早期强度有要求的混凝土构件以及现浇楼板等薄壁构件,应根据工程实际情况,通过试验确定矿渣粉的最大掺量。

5.2.8 采用矿渣粉和粉煤灰复掺时,掺合料总掺量应符合表5.2.8的规定。

表5.2.8 掺合料总掺量(%)

工程用途	掺量
素混凝土	≤65
钢筋混凝土	≤45
预应力混凝土	≤45

注:对早期强度有要求的混凝土构件,以及现浇楼板等薄壁构件,应根据工程实际情况降低矿物掺合料总掺量,且不宜大于40%。

5.3 掺矿渣粉的普通混凝土性能要求

5.3.1 掺矿渣粉的普通混凝土拌合物性能应满足工程设计和施工要求。试验方法应按现行国家标准《普通混凝土拌合物性能试验方法标准》GB/T 50080进行。

5.3.2 掺矿渣粉的普通混凝土力学性能应满足工程设计和施工的要求。试验方法应按现行国家标准《混凝土物理力学性能试验方法标准》GB/T 50081进行。

5.3.3 掺矿渣粉的普通混凝土抗氯离子渗透、碳化深度和抗硫酸盐侵蚀等长期性能与耐久性能应符合工程设计要求和国家现行标准的规定。试验方法应按现行国家标准《普通混凝土长期性能和耐久性能试验方法标准》GB/T 50082进行。

6 矿渣粉在大体积混凝土中的应用

6.1 原材料要求

6.1.1 矿渣粉应符合本标准表 4.1.1 的规定。

6.1.2 水泥应选用水化热低的通用硅酸盐水泥,3 d 水化热不宜大于 250 kJ/kg,7 d 水化热不宜大 280 kJ/kg;当选用 52.5 强度等级水泥时,7 d 水化热宜小于 300 kJ/kg。

6.1.3 粉煤灰应符合现行国家标准《用于水泥和混凝土中的粉煤灰》GB/T 1596 的规定。

6.1.4 细骨料除应符合现行行业标准《普通混凝土用砂、石质量及检验方法标准》JGJ 52 外,宜采用细度模数大于 2.3 的中砂,含泥量不应大于 3.0%。当使用机制砂时,应符合现行上海市工程建设规范《人工砂在混凝土中的应用技术规程》DG/TJ 08—506 的规定。

6.1.5 粗骨料除应符合现行行业标准《普通混凝土用砂、石质量及检验方法标准》JGJ 52 外,其粒径宜为 5.0 mm~31.5 mm 的连续级配,含泥量不应大于 1.0%。

6.1.6 外加剂应符合现行国家标准《混凝土外加剂》GB 8076 和《混凝土外加剂应用技术规范》GB 50119 的规定。

6.1.7 水应符合现行行业标准《混凝土用水标准》JGJ 63 的规定。

6.2 配合比设计

6.2.1 掺矿渣粉的大体积混凝土的配合比设计应符合现行行业

标准《普通混凝土配合比设计规程》JGJ 55 的规定。

6.2.2 掺矿渣粉的大体积混凝土宜采用 60 d 或 90 d 强度作为混凝土配合比设计、混凝土强度设计评定及工程验收的依据。

6.2.3 掺矿渣粉的大体积混凝土水胶比不宜大于 0.45,拌合水用量不宜大于 170 kg/m³。

6.2.4 掺矿渣粉的大体积混凝土砂率宜为 38%~45%。

6.3 掺矿渣粉的大体积混凝土性能要求

6.3.1 掺矿渣粉的大体积混凝土拌合物性能应满足工程设计和施工要求。试验方法应按现行国家标准《普通混凝土拌合物性能试验方法标准》GB/T 50080 进行。

6.3.2 掺矿渣粉的大体积混凝土力学性能应满足工程设计和施工的要求。试验方法应按现行国家标准《混凝土物理力学性能试验方法标准》GB/T 50081 进行。

6.3.3 掺矿渣粉的大体积混凝土的抗氯离子渗透、碳化深度和抗硫酸盐侵蚀等长期性能与耐久性能应符合工程设计要求和国家现行标准的规定。试验方法应按现行国家标准《普通混凝土长期性能和耐久性能试验方法标准》GB/T 50082 进行。

6.3.4 掺矿渣粉的大体积混凝土的绝热温升值不宜大于 50℃,混凝土浇筑体表里温差(不含混凝土收缩当量温度)不宜大于 25℃。

7 矿渣粉在高强混凝土中的应用

7.1 原材料要求

7.1.1 矿渣粉应符合本标准表 4.1.1 的规定。

7.1.2 水泥应符合现行国家标准《通用硅酸盐水泥》GB 175 的规定;配制 C80 及以上强度等级的混凝土时,应选用 52.5 以上强度等级的硅酸盐水泥或普通硅酸盐水泥。

7.1.3 粉煤灰应符合现行国家标准《用于水泥和混凝土中的粉煤灰》GB/T 1596 的规定。

7.1.4 硅灰应符合现行国家标准《砂浆和混凝土用硅灰》GB/T 27690 的规定。

7.1.5 细骨料应符合现行行业标准《普通混凝土用砂、石质量及检验方法标准》JGJ 52 的规定,细度模数宜为 2.6~3.0,含泥量不应大于 2.0%,泥块含量不应大于 0.5%。当使用机制砂时,应符合现行上海市工程建设规范《人工砂在混凝土中的应用技术规程》DG/TJ 08—506 的规定。

7.1.6 粗骨料应符合现行行业标准《普通混凝土用砂、石质量及检验方法标准》JGJ 52 的规定,岩石抗压强度应比混凝土强度等级标准值高 30%,含泥量不应大于 0.5%,泥块含量不应大于 0.2%,针片状颗粒含量不宜大于 5%,且不应大于 8%。

7.1.7 外加剂应符合现行国家标准《混凝土外加剂》GB 8076 和《混凝土外加剂应用技术规范》GB 50119 的规定。配制 C60~C80 强度等级混凝土时,减水剂的减水率不宜小于 25%;配制 C80 及以上强度等级混凝土时,减水剂的减水率不宜小于 28%。

7.1.8 水应符合现行行业标准《混凝土用水标准》JGJ 63 的规定。

7.2 配合比设计

7.2.1 掺矿渣粉的高强混凝土配合比设计应符合现行行业标准《高强混凝土应用技术规程》JGJ/T 281 的规定。

7.2.2 掺矿渣粉的高强混凝土配合比应根据设计要求的结构强度、耐久性、施工工艺和环境温度等条件进行试配,经确认合格后方可投入生产应用。

7.2.3 掺矿渣粉的高强混凝土的水胶比宜为 0.24~0.34。

7.2.4 掺矿渣粉的高强混凝土中,胶凝材料用量不宜低于 480 kg/m³,且不应大于 600 kg/m³。

7.2.5 采用矿渣粉单掺时,根据配制混凝土强度等级的不同,各等级矿渣粉的最大掺量应符合表 7.2.5 的规定。

表 7.2.5 矿渣粉占胶凝材料总质量的最大比例(%)

强度等级	S115 级	S105 级	S95 级
≥C60,<C80	50	45	35
≥C80,<C100	40	35	—
C100	35	30	—

注:表中矿渣粉的最大掺量适用于硅酸盐水泥;当采用普通硅酸盐水泥时,矿渣粉最大掺量可适当降低。

7.2.6 采用矿渣粉和硅灰复掺时,矿渣粉和硅灰的总掺量上限可在表 7.2.5 的基础上适当增加。

7.3 掺矿渣粉的高强混凝土性能要求

7.3.1 掺矿渣粉的高强混凝土拌合物性能应符合现行行业标准《高强混凝土应用技术规程》JGJ/T 281 的规定。试验方法应按现行国家标准《普通混凝土拌合物性能试验方法标准》GB/T 50080 进行。

7.3.2 掺矿渣粉的高强混凝土力学性能应满足工程设计和施工的要求。试验方法应按现行国家标准《混凝土物理力学性能试验方法标准》GB/T 50081 进行。

7.3.3 掺矿渣粉的高强混凝土的抗冻、抗硫酸盐侵蚀、抗氯离子渗透、抗碳化和抗裂等长期性能与耐久性能应符合设计要求和现行行业标准《高强混凝土应用技术规程》JGJ/T 281 的规定。试验方法应按现行国家标准《普通混凝土长期性能和耐久性能试验方法标准》GB/T 50082 进行。

8 矿渣粉在高性能混凝土中的应用

8.1 原材料要求

8.1.1 矿渣粉应符合本标准表 4.1.1 的规定。

8.1.2 水泥应符合现行国家标准《通用硅酸盐水泥》GB 175 的规定。

8.1.3 粉煤灰应符合现行国家标准《用于水泥和混凝土中的粉煤灰》GB/T 1596 的规定。

8.1.4 硅灰应符合现行国家标准《砂浆和混凝土用硅灰》GB/T 27690 的规定。

8.1.5 细骨料应符合现行国家标准《高性能混凝土技术条件》GB/T 41054 的规定。当使用机制砂时,应符合现行上海市工程建设规范《人工砂在混凝土中的应用技术规程》DG/TJ 08—506 的规定。

8.1.6 粗骨料应符合现行国家标准《高性能混凝土技术条件》GB/T 41054 的规定。

8.1.7 外加剂应符合现行国家标准《混凝土外加剂》GB 8076 和《混凝土外加剂应用技术规范》GB 50119 的规定,其减水率不宜低于 25%。

8.1.8 水应符合现行行业标准《混凝土用水标准》JGJ 63 的规定。

8.2 配合比设计

8.2.1 掺矿渣粉的高性能混凝土的配合比设计应符合现行国家

标准《高性能混凝土技术条件》GB/T 41054 的规定。

8.2.2 掺矿渣粉的高性能混凝土的水胶比不宜大于 0.38,且不应大于 0.55。

8.2.3 掺矿渣粉的高性能混凝土的单方用水量不宜大于 175 kg/m³。

8.2.4 掺矿渣粉的高性能混凝土的胶凝材料总量宜为 300 kg/m³～600 kg/m³,且不应低于 280 kg/m³。

8.2.5 掺矿渣粉的高性能混凝土宜采用矿渣粉与粉煤灰、硅灰等复掺技术。根据矿渣粉等级的不同,不同强度等级的高性能混凝土中复合掺合料总掺量应符合表 8.2.5 的规定。

表 8.2.5 掺矿渣粉的高性能混凝土中复合掺合料总掺量(%)

高性能混凝土强度等级	复合掺合料中矿渣粉的种类			
	S115 级	S105 级	S95 级	S75 级
≥C30,<C45	≤65	≤55	≤45	≤30
≥C45,<C60	≤60	≤50	≤40	≤30
≥C60,<C80	≤50	≤45	≤40	—
≥C80,<C100	≤40	≤35	≤30	—
C100	≤40	≤35	≤30	—

注:表中矿渣粉的最大掺量适用于硅酸盐水泥;当采用普通硅酸盐水泥时,矿渣粉最大掺量可适当降低。

8.3 掺矿渣粉的高性能混凝土性能要求

8.3.1 掺矿渣粉的高性能混凝土拌合物性能应符合现行国家标准《高性能混凝土技术条件》GB/T 41054 的规定。试验方法应按现行国家标准《普通混凝土拌合物性能试验方法标准》GB/T 50080 进行。

8.3.2 掺矿渣粉的高性能混凝土力学性能应满足工程设计和施

工的要求。试验方法应按现行国家标准《混凝土物理力学性能试验方法标准》GB/T 50081 进行。

8.3.3 掺矿渣粉的高性能混凝土的抗冻、抗硫酸盐侵蚀、抗氯离子渗透、抗碳化和收缩性能等长期性能与耐久性能应符合设计要求和现行国家标准《高性能混凝土技术条件》GB/T 41054 的规定。试验方法应按现行国家标准《普通混凝土长期性能和耐久性能试验方法标准》GB/T 50082 进行。

9 掺矿渣粉的混凝土施工要求及质量检验评定

9.1 浇筑与养护

9.1.1 掺矿渣粉的新拌混凝土在浇筑过程中应避免过振或漏振。

9.1.2 混凝土浇筑后应及时进行保湿养护,可采用洒水、覆盖、喷涂养护剂等方式。掺矿渣粉的普通混凝土养护时间不应少于7 d;有抗渗要求或采用大掺量矿物掺合料配制的混凝土不应少于14 d;低温施工时应采取保温保湿措施,养护时间不应少于21 d。

9.1.3 掺矿渣粉的大体积混凝土浇筑表面应采取保温保湿措施,养护期间应保持混凝土里表温差不大于25℃。

9.1.4 掺矿渣粉的高强、高性能混凝土可采取潮湿养护,养护水温与混凝土表面温度之间的温差不宜大于20℃;潮湿养护时间不宜少于14 d。

9.1.5 掺矿渣粉的混凝土预制构件加热养护制度应通过试验确定,宜采用加热养护温度自动控制装置。混凝土预制构件浇捣完毕通常在常温下预养护2 h~6 h,升温速度不宜超过20℃/h,降温速度不宜超过20℃/h,最高养护温度不宜大于55℃。

9.2 质量检验评定

9.2.1 掺矿渣粉的混凝土质量应符合现行国家标准《混凝土质量控制标准》GB 50164 的规定。掺矿渣粉的混凝土的强度检验评定应符合现行国家标准《混凝土强度检验评定标准》GB/T 50107 的规定。

9.2.2 掺矿渣粉的混凝土施工质量应符合现行国家标准《混凝土结构工程施工质量验收规范》GB 50204 和《混凝土结构工程施工规范》GB 50666 的规定。

本标准用词说明

1　为了便于在执行本标准条文时区别对待，对要求严格程度不同的用词说明如下：

1）表示很严格，非这样做不可的用词：

正面词采用"必须"；

反面词采用"严禁"。

2）表示严格，在正常情况均应这样做的用词：

正面词采用"应"；

反面词采用"不应"或"不得"。

3）表示允许稍有选择，在条件许可时首先应这样做的用词：

正面词采用"宜"；

反面词采用"不宜"。

4）表示有选择，在一定条件下可以这样做的用词，采用"可"。

2　标准中指定应按其他有关标准执行时，写法为"应符合……的规定（要求）"或"应按……执行"。

引用标准名录

1 《通用硅酸盐水泥》GB 175
2 《水泥化学分析方法》GB/T 176
3 《水泥密度测定方法》GB/T 208
4 《用于水泥和混凝土中的粉煤灰》GB/T 1596
5 《建筑材料放射性核素限量》GB 6566
6 《水泥比表面积测定方法　勃氏法》GB/T 8074
7 《混凝土外加剂》GB 8076
8 《水泥取样方法》GB 12573
9 《用于水泥、砂浆和混凝土中的粒化高炉矿渣粉》GB/T 18046
10 《砂浆和混凝土用硅灰》GB/T 27690
11 《高性能混凝土技术条件》GB/T 41054
12 《普通混凝土拌合物性能试验方法标准》GB/T 50080
13 《混凝土物理力学性能试验方法标准》GB/T 50081
14 《普通混凝土长期性能和耐久性能试验方法标准》GB/T 50082
15 《混凝土强度检验评定标准》GB/T 50107
16 《混凝土外加剂应用技术规范》GB 50119
17 《混凝土质量控制标准》GB 50164
18 《混凝土结构工程施工质量验收规范》GB 50204
19 《大体积混凝土施工标准》GB 50496
20 《混凝土结构工程施工规范》GB 50666
21 《普通混凝土用砂、石质量及检验方法标准》JGJ 52
22 《普通混凝土配合比设计规程》JGJ 55

23 《混凝土用水标准》JGJ 63

24 《高强混凝土应用技术规程》JGJ/T 281

25 《人工砂在混凝土中的应用技术规程》DG/TJ 08—506

26 《再生骨料混凝土技术要求》DB31/T 1128

上海市工程建设规范

粒化高炉矿渣粉在水泥混凝土中应用技术标准

DG/TJ 08—501—2023
J 11239—2023

条 文 说 明

2023　上海

目　次

Contents

1 总　则

1.0.1 上海地区商品混凝土企业每年使用的矿渣粉总量已达到360 万吨,市售矿渣粉品种主要以 S95、S105 级为主,多用作混凝土掺合料以改善混凝土性能、降低混凝土成本,应用技术较为成熟。

矿渣粉活性较高,流动度比较好,可部分替代水泥用于超高性能混凝土,降低其材料成本,应用前景广阔。S75 级矿渣粉因其活性较低,用于混凝土中能降低混凝土初期水化热,有效减少混凝土开裂风险,已用于上海中心等大体积工程。然而,上海市工程建设规范《粒化高炉矿渣粉在水泥混凝土中应用技术规程》DG/TJ 08—501—2016 未涉及矿渣粉用于超高性能混凝土的技术要求,以及 S75 级矿渣粉相关技术要求。为进一步充分利用上海地区粒化高炉矿渣粉资源,规范矿渣粉在混凝土中的应用,充分发挥其技术性能和特点,确保工程质量,特修订本标准。

1.0.2 本标准对采用矿渣粉为主要掺合材料的各类预拌混凝土、混凝土预制构件的原材料要求、配合比设计和性能要求进行了规定。

1.0.3 本标准仅对掺矿渣粉的混凝土生产和应用技术条件作出规定,对本标准未涉及的技术内容,均按照国家、行业和本市现行的有关标准执行。

2 术语和符号

　　本标准的术语和符号均参照我国现行的标准制定。在原标准的基础上,增加了大体积混凝土的术语定义,对部分术语的定义进行了调整。

3 基本规定

3.0.1 S105 和 S115 级矿渣粉早期强度高,后期强度发展也较为迅速,可用于配制普通混凝土,但由于二者比表面积大,粉磨能耗高,生产成本高,从节能、节材、经济性角度而言,工程上多选用 S75、S95 级矿渣粉用于普通混凝土的配制。

3.0.2 S75 级矿渣粉活性较低,代替部分水泥用于混凝土中,能降低混凝土初期水化热,有效减少混凝土开裂风险。研究表明,大掺量使用 S95 级矿渣粉能降低水泥水化热峰温值 3℃~4℃,并延迟峰温出现的时间。当 S95 级矿渣粉掺量大于 50% 时,其对胶凝材料水化热的影响详见表 1。因此,S75、S95 级矿渣粉较适宜配制大体积混凝土。若有特殊工程需求,在满足水化热控制的前提下,也可选用 S105 级矿渣粉。

表 1 S95 级矿渣粉对水泥水化热的影响

| 编号 | 水泥品种 | 胶凝材料配比(%) | | 水化热(kJ/kg) | | | 峰温(℃) | 峰温出现时间(h) |
		水泥	S95	1 d	3 d	7 d		
1	P.Ⅰ42.5	100	0	180	253	309	33.0	11
2	P.Ⅰ42.5	50	50	114	226	280	29.3	21
3	P.Ⅰ42.5	30	70	98	209	243	28.7	25

3.0.3 S105、S115 级矿渣粉具有较高的活性,可用于配制高强混凝土。然而,其比表面积较大、需水量高,为保证混凝土具有良好的工作性能,宜选用流动度比较优的矿渣粉进行高强混凝土配制。

3.0.4 采用矿渣粉配制高性能混凝土时,根据力学性能和耐久性能的设计要求,可以选择 S75、S95、S105 和 S115 级矿渣粉。

3.0.5 S95、S105 和 S115 级矿渣粉可用于配制超高性能混凝土,其配合比设计可参考国家标准《活性粉末混凝土》GB/T 31387—2015 的规定,其性能、施工与质量验收等符合设计或相关标准要求。

4 矿渣粉技术要求

4.1 质量要求

4.1.1 本标准规定的 S75、S95、S105 和 S115 级矿渣粉技术要求是以现行国家标准《用于水泥、砂浆和混凝土中的粒化高炉矿渣粉》GB/T 18046 为基础,结合市场上各厂家不同等级的矿渣粉产品基本性能测试结果(如表2~表4所示)综合确定的。

1 技术要求

表 2 S95 级矿渣粉基本性能

提供厂家	密度 (g/cm³)	比表面积 (m²/kg)	活性指数 7 d (%)	活性指数 28 d (%)	流动度比 (%)	初凝时间比 (%)	含水量 (%)	SO₃含量 (%)	Cl⁻含量 (%)	烧失量 (%)	不溶物 (%)	玻璃体含量 (%)
厂家 a	2.89	437	100	124	98	151	0.2	0.2	0.02	0.02	0.4	96
厂家 b	2.89	427	88	110	100	123	0.2	0.2	0.02	0.01	2.3	92
厂家 c	2.89	420	88	112	100	113	0.1	0.02	0.03	0.03	0.1	96
厂家 d	2.88	445	89	111	99	118	0.2	0.01	0.03	−1.5	0.1	95
厂家 e	2.86	417	69	123	103	266	0.2	0.2	0.06	2.6		95
厂家 f	2.89	432	70	99	101	119	0.1	0.1	0.02	0.02	0.4	94
厂家 g	2.85	451	74	99	98	119	0.2	0.1	0.01	0.1	0.1	98
厂家 h	2.91	444	83	106	99	121	0.2	0.005	0.02	−1.5	0.1	96

表3 S105 级矿渣粉基本性能

提供厂家	密度 (g/cm³)	比表面积 (m²/kg)	活性指数		流动度比 (%)	初凝时间比 (%)	含水量 (%)	SO₃含量 (%)	Cl⁻含量 (%)	烧失量	不溶物 (%)	玻璃体含量 (%)
			7 d (%)	28 d (%)								
厂家a	2.89	516	96	106	99	87	0.2	0.1	0.02	−1.2	0.2	96

表4 S115 级矿渣粉基本性能

提供厂家	密度 (g/cm³)	比表面积 (m²/kg)	活性指数(%)			流动度比 (%)	含水量 (%)
			3 d	7 d	28 d		
厂家 a	2.85	567	80	110	134	97	0.12
厂家 b	2.88	578	99	109	118	98	0.12
厂家 c	2.91	758	121	128	118	85	0.20
厂家 d	2.91	646	110	119	120	90	0.10
厂家 e	2.89	534	95	118	124	94	0.20

由表2、表3可知,目前市场上 S95、S105 级矿渣粉的性能基本满足现行国家标准《用于水泥、砂浆和混凝土中的粒化高炉矿渣粉》GB/T 18046 的要求,其中少部分产品存在流动度比、比表面积、活性指数、初凝时间比等指标中的一项或几项不合格的现象。因此,本标准中 S95、S105 级矿渣粉的技术要求根据现行国家标准《用于水泥、砂浆和混凝土中的粒化高炉矿渣粉》GB/T 18046 作了规定。

由表4可知,目前市场上 S115 级矿渣粉的 3 d 活性指数达 80%~120%,28 d 活性指数均达 115%。因此,本标准规定 S115 级矿渣粉的 3d 活性指数不小于 80%,28 d 活性指数不小于 115%。

2 检验方法

(1) 矿渣粉的密度按现行国家标准《水泥密度测定方法》GB/T 208 的规定进行测试。

（2）不同等级矿渣粉的比表面积按现行国家标准《水泥比表面积测定方法　勃氏法》GB/T 8074 的规定进行测试。

（3）矿渣粉的活性指数、流动度比、初凝时间比、含水量和玻璃体含量按现行国家标准《用于水泥、砂浆和混凝土中的粒化高炉矿渣粉》GB/T 18046 的规定进行测试。

（4）矿渣粉的三氧化硫、氯离子、烧失量、不溶物等含量按现行国家标准《水泥化学分析方法》GB/T 176 的规定进行测试。

（5）矿渣粉的放射性按现行国家标准《建筑材料放射性核素限量》GB 6566 的规定进行测试。

4.1.2　矿渣粉的出厂检验和型式检验参考现行国家标准《用于水泥、砂浆和混凝土中的粒化高炉矿渣粉》GB/T 18046 的相关规定。

4.2　验收要求

4.2.1，4.2.2　矿渣粉的批号、产品合格证参考现行国家标准《用于水泥、砂浆和混凝土中的粒化高炉矿渣粉》GB/T 18046 的相关规定。

4.2.3～4.2.5　矿渣粉的验收方式参考现行国家标准《用于水泥、砂浆和混凝土中的粒化高炉矿渣粉》GB/T 18046 的相关规定。

4.2.6　试验表明，矿渣粉的活性指数随储存时间增加而降低，本标准规定储存期超过 6 个月应重新检验矿渣粉的活性指数、流动度比和初凝时间比。

5 矿渣粉在普通混凝土中的应用

5.1 原材料要求

5.1.1~5.1.7 条文规定了矿渣粉、水泥、粉煤灰、粗细骨料、外加剂等原材料要求。随着天然骨料、河砂资源的日益减少,用于拌制普通混凝土的天然骨料、中砂市场供应日趋紧张,可采用再生骨料、机制砂或混合砂用于混凝土配制,其性能分别符合现行上海市地方标准《再生骨料混凝土技术要求》DB31/T 1128和现行上海市工程建设规范《人工砂在混凝土中的应用技术规程》DG/TJ 08—506的规定。

5.2 配合比设计

5.2.1~5.2.3 掺矿渣粉的普通混凝土属普通混凝土范畴,其配合比设计、强度保证率、用水量、砂率等指标应参照现行行业标准《普通混凝土配合比设计规程》JGJ 55的规定执行。

5.2.4 掺矿渣粉的普通混凝土的最低胶凝材料用量、水泥用量和最大水胶比是确保混凝土耐久性的重要技术参数。本条文参考现行国家标准《混凝土结构施工及验收规范》GB 50204和现行行业标准《普通混凝土配合比设计规程》JGJ 55的要求对不同用途混凝土的最低胶凝材料用量、水泥用量和最大水胶比进行规定。表中水泥用量适用于普通硅酸盐水泥;当采用硅酸盐水泥时,水泥用量可降低10%~20%。

5.2.5 采用 S75 或 S95 级矿渣粉配制普通混凝土均可满足工程需求,S105、S115 级矿渣粉具有较高的活性,可用于耐久性要求较高的普通混凝土。但由于 S115 级矿渣粉价格较高，用于 C40 及以下强度等级混凝土的经济性不高，因此，当水胶比大于 0.4 时，本标准对 S115 级矿渣粉的掺量不作规定。

矿渣粉的掺量参考现行行业标准《普通混凝土配合比设计规程》JGJ 55 的相关要求确定。当水胶比大于 0.40 时，采用矿渣粉配制各类型混凝土中矿渣粉的掺量适当降低 5%～10%；矿渣粉的活性越高，配制的普通混凝土力学性能和耐久性能较为优异（如表 5、表 6 所示），因此，矿渣粉活性每提高一个等级，矿渣粉的掺量上限提高 5%。其中，素混凝土一般用于非结构部位，各等级矿渣粉的掺量上限可以放宽至 70%，但受水泥最低用量的限制，S105 和 S115 级矿渣粉的掺量上限也不宜超过 70%。表中矿渣粉的掺量适用于采用硅酸盐水泥的普通混凝土；当采用普通硅酸盐水泥时，矿渣粉的最大掺量应降低 10%～20%。

表 5　掺矿渣粉 C40 混凝土试验配合比

编号	配合比（kg/m³）							
	PO42.5 水泥	矿渣粉		粉煤灰	水	黄砂	碎石	外加剂
		S95	S115	II级F类	自来水	中砂	5-25	LEX-9P
A-1	255	40	—	75	160	788	1 045	3.35
A-2	215	80	—	75	160	788	1 045	3.35
A-3	175	120	—	75	160	788	1 045	3.35
B-1	255	—	40	75	160	788	1 045	3.35
B-2	215	—	80	75	160	788	1 045	3.35
B-3	175	—	120	75	160	788	1 045	3.35

表6 掺矿渣粉的C40混凝土力学性能和耐久性能结果

编号	坍落度 (mm)	抗压强度(MPa)			电通量 (56 d,C)	氯离子扩散系数 ($10^{-8}cm^2/s$)
		3 d	7 d	28 d		
A-1	155	18.1	27.0	45.7	977	1.15
A-2	185	20.4	27.7	46.4	937	1.03
A-3	175	21.1	29.6	46.1	816	0.91
B-1	145	25.3	36.5	55.4	791	1.06
B-2	180	21.0	34.1	63.4	732	0.93
B-3	200	24.0	37.7	62.2	638	0.85

5.2.6，5.2.7 研究表明,随着矿渣粉掺量的增加,水泥的初凝、终凝时间有所延长,掺量越大,延缓幅度越大,当矿渣粉掺量增加至50%～60%时,28 d抗压和抗折强度有所下降。因此,当矿渣粉掺量大于50%时,应对胶凝材料的28 d抗压强度和凝结时间进行试验,满足设计施工要求后方可使用;对于有早期强度要求的工程,应根据设计要求,通过试验确定矿渣粉的掺量。

5.2.8 由于矿渣粉、粉煤灰等胶凝材料活性效应的发挥需依赖水泥水化形成的碱性环境,掺合料掺量过高、施工控制不当时,可能会导致早期强度过低、收缩过大等不良反应,因此有必要对掺合料的总掺量予以限制。

5.3 掺矿渣粉的普通混凝土性能要求

5.3.1～5.3.3 条文规定了掺矿渣粉的普通混凝土的拌合物性能、力学性能和耐久性能要求,试验方法应分别按现行国家标准《混凝土物理力学性能试验方法标准》GB/T 50081、《混凝土物理力学性能试验方法标准》GB/T 50081 和《普通混凝土长期性能和耐久性能试验方法标准》GB/T 50082 进行。

6 矿渣粉在大体积混凝土中的应用

6.1 原材料要求

6.1.2，6.1.3 采用低水化热的胶凝材料,有利于限制大体积混凝土由温度应力引起的裂缝。本标准参考现行国家标准《大体积混凝土施工标准》GB 50496,规定了水泥、粉煤灰的技术指标要求。

6.1.4～6.1.7 条文参考现行国家标准《大体积混凝土施工标准》GB 50496 和现行上海市工程建设规范《人工砂在混凝土中的应用技术规程》DG/TJ 08—506,对粗细骨料、外加剂、水的性能作了规定。

6.2 配合比设计

6.2.1 大体积混凝土属于普通混凝土范畴,其配合比设计参照普通混凝土的相关标准要求。

6.2.2 考虑大体积混凝土项目的总施工周期一般较长,在保证混凝土强度满足使用要求的前提下,规定了大体积混凝土可采用60 d 或 90 d 的后期强度作为验收指标。

6.2.3，6.2.4 参考现行国家标准《大体积混凝土施工标准》GB 50496,对大体积混凝土的水胶比、拌合用水量和砂率作了规定。

6.3 掺矿渣粉的大体积混凝土性能要求

6.3.1～6.3.3 条文规定了掺矿渣粉的大体积混凝土的拌合物

性能、力学性能和耐久性能要求，试验方法应分别按现行国家标准《混凝土物理力学性能试验方法标准》GB/T 50081、《混凝土物理力学性能试验方法标准》GB/T 50081 和《普通混凝土长期性能和耐久性能试验方法标准》GB/T 50082 进行。

6.3.4 混凝土绝热温升过大容易使其产生裂缝，在配合比试配和调整时应控制其绝热温升。本条文参考现行国家标准《大体积混凝土施工标准》GB 50496，对温升值作了规定。

7 矿渣粉在高强混凝土中的应用

7.1 原材料要求

7.1.2～7.1.8 参考现行行业标准《高强混凝土应用技术规程》JGJ/T 281 的相关要求,对掺矿渣粉的高强混凝土其他原材料技术要求作了规定。

7.2 配合比设计

7.2.1,7.2.2 采用矿渣粉配制高强混凝土的配合比可参考现行行业标准《高强混凝土应用技术规程》JGJ/T 281 的相关要求,并结合设计要求、施工工艺和环境条件等,通过试配确定。

7.2.3 水胶比是混凝土达到设计强度的关键参数,参照现行行业标准《高强混凝土应用技术规程》JGJ/T 281,将其控制在 0.24～0.34,以保证混凝土具有较好的流动性。当选用较低水胶比时,必须通过试验来确定外加剂的掺量、适应性以及为保证外加剂的效用充分发挥所需要的搅拌时间,以保证混凝土能够顺利成型。

7.2.4 在一定范围内,混凝土强度与胶凝材料用量呈正相关,为保证混凝土的强度,胶凝材料的用量不宜低于 480 kg/m³。但是胶凝材料用量过高将会导致收缩过大、耐久性劣化等问题,因此胶凝材料用量应控制在 600 kg/m³ 以下。

7.2.5 配制高强混凝土时,掺合料用量过高会显著降低混凝土早期强度并影响混凝土后期强度的发展。因此,为保证混凝土强度,应控制高强混凝土中矿渣粉的掺量上限。等级高的矿渣粉具有较高的活性,有利于混凝土力学性能的发展,故矿渣粉活性每提高一个等级,其掺量上限增加 5%;S95 级矿渣粉活性较低,不宜配制 C80 以上等级的高强混凝土。表 7.2.5 中矿渣粉的掺量适用于采用硅酸盐水泥的高强混凝土,当采用普通硅酸盐水泥时,矿渣粉的最大掺量应降低 10%～20%。

7.2.6 硅灰的掺入可提高高强混凝土中水泥与骨料的粘结强度。因此,当采用矿渣粉与硅灰复掺的方式配制高强混凝土时,矿渣粉和硅灰的总产量上限可在表 7.2.5 基础上适当增加。但硅灰的比表面积较大,需水量大,从混凝土的坍落度考虑,硅灰的掺量不宜过多,硅灰的掺量不宜超过总胶凝材料用量的 10%。

7.3　掺矿渣粉的高强混凝土性能要求

7.3.1～7.3.3　条文规定了掺矿渣粉的高强混凝土的拌合物性能、力学性能和耐久性能要求,试验方法应分别按现行国家标准《混凝土物理力学性能试验方法标准》GB/T 50081、《混凝土物理力学性能试验方法标准》GB/T 50081 和《普通混凝土长期性能和耐久性能试验方法标准》GB/T 50082 进行。

8 矿渣粉在高性能混凝土中的应用

8.1 原材料要求

8.1.2～8.1.4 参考现行国家标准《高性能混凝土技术条件》GB/T 41054 的相关要求,对掺矿渣粉的高性能混凝土用水泥、矿物掺合料作了规定。

8.1.5,8.1.6 参考现行国家标准《高性能混凝土技术条件》GB/T 41054 和现行上海市工程建设规范《人工砂在混凝土中的应用技术规程》DG/TJ 08—506 的相关要求,对粗、细骨料作了规定。

8.1.7 选用减水率高的减水剂,控制坍落度损失。

8.1.8 水的技术要求与掺矿渣粉的普通混凝土相同。

8.2 配合比设计

8.2.1 掺矿渣粉的高性能混凝土的配合比设计应遵循现行国家标准《高性能混凝土技术条件》GB/T 41054 和现行上海市工程建设规范《高性能混凝土应用技术标准》DG/TJ 08—2276 的相关规定。

8.2.2 市场上常规的高性能混凝土强度等级一般不低于C30,根据现行上海市工程建设规范《高性能混凝土应用技术标准》DG/TJ 08—2276 的要求,其最大水胶比为 0.55,故本标准规定掺矿渣粉的高性能凝土的水胶比不得高于 0.55。结合实际工程经验,在多种劣化因素综合作用的条件下,为保证掺矿渣粉的高性能混凝土的耐久性,水胶比不宜大于 0.38。

8.2.3 掺矿渣粉的高性能混凝土属于高耐久性混凝土,单方用水量过大会增加混凝土水泥浆体的毛细孔和孔隙水含量,不利于提高混凝土的耐久性能。参照现行上海市工程建设规范《高性能混凝土应用技术标准》DG/TJ 08—2276 的相关规定以及实际生产与应用情况,本条文规定单方用水量不宜高于 175 kg/m³。

8.2.4 参考现行上海市工程建设规范《高性能混凝土应用技术标准》DG/TJ 08—2276 的相关规定,C30 强度等级的高性能混凝土最小胶凝材料用量为 280 kg/m³,C100 强度等级的高性能混凝土最大胶凝材料用量为 600 kg/m³,结合实际工程经验和现行国家标准《混凝土结构耐久性设计规范》GB/T 50476,为保证高性能混凝土的和易性,本条文规定掺矿渣粉的高性能混凝土胶凝材料总量的适宜范围为 300 kg/m³~600 kg/m³。

8.2.5 为进一步提高掺矿渣粉的高性能混凝土的耐久性,在配合比设计过程中可采用矿渣粉与粉煤灰、硅灰等矿物掺合料复掺技术,以发挥不同矿物掺合料之间的多元复合效应,但其总掺量应有所限制。表中矿渣粉的掺量适用于采用硅酸盐水泥的高性能混凝土,当采用普通硅酸盐水泥时,矿渣粉的最大掺量应降低10%~20%。

8.3 掺矿渣粉的高性能混凝土性能要求

8.3.1~8.3.3 条文规定了掺矿渣粉的高性能混凝土的拌合物性能、力学性能和耐久性能要求,试验方法应分别按现行国家标准《混凝土物理力学性能试验方法标准》GB/T 50081、《混凝土物理力学性能试验方法标准》GB/T 50081 和《普通混凝土长期性能和耐久性能试验方法标准》GB/T 50082 进行。

9 掺矿渣粉的混凝土施工要求及质量检验评定

9.1 浇筑与养护

9.1.1~9.1.5 参考现行国家标准《混凝土结构工程施工规范》GB 50666 和《大体积混凝土施工标准》GB 50496 的相关要求,对掺矿渣粉的混凝土的浇筑与养护作了规定。

9.2 质量检验评定

9.2.1 本条文规定了掺矿渣粉的混凝土质量和混凝土强度的检验评定依据。

9.2.2 本条文规定了掺矿渣粉的混凝土施工质量评定的依据。